沈阳宫殿建筑图集

[日]伊藤清造

著

赵省伟

主编

孙魏

编

王雨柔

译

北京日报出版社

图书在版编目（CIP）数据

沈阳宫殿建筑图集 /（日）伊藤清造著；赵省伟主编；孙魏编；王雨柔译. -- 北京：北京日报出版社，2025.1. --（东洋镜）. -- ISBN 978-7-5477-5006-3

Ⅰ. TU-098.2

中国国家版本馆CIP数据核字第2024M50Q32号

出版发行：北京日报出版社
地　　址：北京市东城区东单三条8-16号东方广场东配楼四层
邮　　编：100005
电　　话：发行部：(010) 65255876
　　　　　总编室：(010) 65252135
责任编辑：卢丹丹
特约编辑：陈思圆　孙靖超
印　　刷：三河市九洲财鑫印刷有限公司
经　　销：各地新华书店
版　　次：2025年1月第1版
　　　　　2025年1月第1次印刷
开　　本：787毫米×1092毫米　　1/16
印　　张：9.75
字　　数：160千字
印　　数：1—2000
定　　价：118.00元

出版说明

　　伊藤清造（?—1933）是日本在中国东北进行建筑专业研究的重要人物之一，毕业于日本京都高等工艺学校图案科，具有高超的建筑学素养。他于1924年和1926年对沈阳故宫的主要建筑进行了实地测量、绘制平面图和细部结构图，并且拍摄了大量照片，据此撰写了《奉天宫殿之研究》一文，编著了《奉天宫殿建筑图集》。该书首版于1929年，包括序言、60余幅影像资料、30余张建筑平面图及建筑细部图和6张纹样拓片，比较全面且详细地记录了沈阳故宫的面貌。

　　一、沈阳故宫在空间上由东、中、西三部分构成，本书也因此分为三个章节：东路建筑、中路建筑、西路建筑。全书共收录图片109张，既是出色的建筑调查记录，更是精美的建筑摄影作品。

　　二、由于年代已久，部分图片褪色，颜色深浅不一。为了更好地呈现图片内容，保证印刷整齐精美，我们对图片色调做了统一处理。

　　三、为方便读者阅读，此次对书中图片进行了统一编排，调整了原书部分图片的顺序，进行了重新编号，并且为图片增加了图注。

　　四、由于原作者所处立场、思考方式及观察角度与我们不同，书中很多观点跟我们的认识有一定出入，文中的一些观点在如今也已被纠正，但为了保持原作的整体性，未做删改。这不代表我们赞同其观点，相信读者能够理性鉴别。

　　五、由于资料繁杂，书中难免有不尽之处，万望读者指正。

　　六、感谢杨葵老师为"东洋镜"题字。最后，还要特别感谢读者一直以来对我们的支持与喜爱。

编者

序

沈阳故宫，是清朝初期皇帝的居住之所，但是初见这座宫殿之时，会觉得这座宫殿未免太过朴素简单，不像是皇帝居住的地方。当时由盛京内务府皇产事宜处在征得驻军营长同意后带我进入，我完整地参观了沈阳故宫，注意到其建筑物的装饰在设计上具有高度的统一性。总的来说，这些建筑物的装饰设计都十分简单朴素，不过有些装饰设计又是截然不同的结构。为什么这里的建筑会呈现这样对比鲜明的两种风格呢？以及这座宫殿为什么要以"奉天"命名，这座宫殿是从何时开始修建的，这座宫殿与位于北京的宫殿有着怎样的联系？我的脑海中接二连三地浮现出这些问题。

现如今的沈阳故宫建筑图集已经公开，为了给观看本图集的读者提供参考，文中又对各个建筑物的外观以及细节特征进行了说明，我对上述提到的问题大致作了一些解答和记述说明，希望能为观看本图集的人提供一些基础的知识储备。

我先按照顺序陈述一下我在上文提出的几个问题，首先为什么这里的装饰都如此的简单朴素。《满洲实录》（又名《清太祖实录战迹图》）中所记载的一些不可思议的传说在今日看来并不可信，简单来说这是由当时清朝皇帝所颁布的政策决定的。爱新觉罗氏的祖先在朝鲜会宁府附近起势，以今天的辽宁抚顺为中心逐渐扩大势力，成为一方强族，他们原属女真族。

当时有许多部落盘踞于此，为了抑制对方的势力继续扩大，部落间常常会爆发冲突和战争，清太祖努尔哈赤（1559—1626）的祖父和父亲为了争夺这片区域，惨遭杀害，努尔哈赤当时年仅二十五岁。遭遇丧亲之痛的努尔哈赤十分愤慨，立志要为祖父和父亲报仇雪恨。努尔哈赤是一代豪杰，天性骁勇，没用多久时间，便征服了周围的部落，明的势力日趋式微，努尔哈赤继续南下进攻，势必要将东北地区的地界拿下。努尔哈赤立志复仇后第三十三年，也就是在努尔哈赤五十八岁的时候，他统一了长白山以北、从松花江流域到日本海沿岸一带的区域，最后在今辽宁抚顺即位成为金国大汗。

努尔哈赤自称是金国的复权，故将国号封为"后金"。万历四十四年（1616），五十八岁的努尔哈赤建立后金国称汗，即后来的清太祖高皇帝。这一年日本英杰德川家康逝世。清太祖努尔哈赤在接下来的几年时间里继续南下进攻，天命六年（1621）攻下了沈阳，数日后又攻下辽阳，并迁都此处，建造了东京城，后又因变故，天命十年（1625）迁都沈阳。那么具体是什么原因才让努尔哈赤改变了都城选址呢，《明太祖实录》中是这样记载的：

> 初，自赫图阿拉城介藩，复移辽阳，筑东京，至是集议迁都，众皆请止。太祖谕曰："沈阳形胜之地，西征明，由都尔弼渡辽河，路直且近；北征蒙古，二三日可至；南征朝鲜，可由清河以进。且浑河、苏克素护河顺流伐木以治宫室、供炊爨，

不可胜用。时而出猎，山近多兽，河中水族亦可取用。朕筹之熟矣，汝等宁不计及耶？"遂定都沈阳。

沈阳故宫自1625年开始修建，而当时的清太祖努尔哈赤常常在外征战。周围各个部落的势力不容忽视，明朝的军队也在伺机而动，不可小觑，面对这样东征西战的局面，他也是心力交瘁。

努尔哈赤试图先征服东北地区，为了建立一个能与明朝所抗衡的国家而日夜操劳，疲于奔命，因为担心汉文化入侵，他以蒙古文为基础，创造了可以记录女真语的满文。努尔哈赤出身于蕃族，他深知想要在文化上与拥有数千年文化历史的汉民族相抗衡几乎是不可能的，他只能在武力上实现绝对的压制，因此才一直努力推崇尚武的风气。

像努尔哈赤这般，每天过着南征北战的生活，每天为军事奔波，是不需要一个过于华丽舒适的居住场所的。所以沈阳故宫建造之初，按照清太祖的意思并没有修建成一座华丽的大宫殿，今日看来，这些残存的宫殿十分简单朴素，原因就在于此。

第二点，为什么这些宫殿的建筑样式如此不统一呢？换个说法，为什么会有如此鲜明的两种风格的装饰？这两种风格为什么又同时存在呢？这样做有什么必要吗？这两种风格的主要区别在于，一种强调实用性，在功能上很实用，在装饰与结构上很朴实；另一种则是装饰过度的，在功能上没有实用性，在装饰和结构上也冗杂繁复。试举眼前一二为例。大内宫阙中，最重要的当数崇政殿，从照片上可以看出，只有一个简单的双坡屋顶，所以内部没有天花板可以直接看到屋顶构架。宫殿前方饰有日晷和嘉量，展现了天子气概，但其实都是后世添加之物，之前并没有这般威严。

与之相对的，凤凰楼位于崇政殿的北方，是一座三层歇山顶楼阁，每层均有屋檐。内部的藻井上有凤凰、云、蔓藤等图案，其门上的雕刻以及样式也完全不是崇政殿能比的。像这样两组建筑的对照，在其他一些建筑物上也能看见类似的比较，大内宫阙里的大清门、崇政殿、飞龙阁、翔凤阁、清宁宫前的四栋建筑物以及大政殿的建筑物设计都十分简单朴素，与此相对的，文溯阁内的建筑物和大内宫阙的迪光殿、保极宫、颐和殿等建筑物设计得十分华丽气派。为什么会产生这样的区别呢？因为之前提过的原因，清太祖努尔哈赤建沈阳皇宫时只打算建造必要建筑，他迁都沈阳，开始营建宫城，但第二年八月，努尔哈赤就在与明兵的交战中病故，享年六十八岁[①]。

努尔哈赤的继承者清太宗皇太极（1592—1643）当时三十五岁[②]。皇太极有着不输其父努尔哈赤的雄才和胆略，同样是一代英杰天之骄子，努尔哈赤已完成东北霸业，皇太极则更有野心，他想入主北京，统治全国，并向着这个目标一步一步努力前进。为此，皇太极对过去努尔哈赤所颁布的政策进行了大刀阔斧的改革。清太祖将国号定为"后

---

① 应为67岁。——编者注
① 应为34岁。——编者注

金"，崇尚通过武力来与明抗衡、与汉民族抗衡，皇太极一改这些旧政，不只推崇武力，也开始急速发展文化事业。他不愿作为满洲蕃族屈于人下，迫切想发展文化，赶上中原民族。

为此，在范文程等汉人谋士的帮助下，皇太极开始了从各个方面发展文化的历程。比如，完善清太祖时期创建的满文，翻译汉文书籍。因为当时的汉族人非常蔑视金人，他们也十分厌恶金人的存在。努尔哈赤完全不在意这些，反而自称金的复权，且以此为荣，但到了皇太极的时代，他深知汉民族对于金人的忌惮会对自己非常不利，于是极力否定，将可证明其为金人的资料悉数销毁。这样的政策在宫殿建筑中也尽数体现了，皇太极希望建造更像天子的宫室，所以希望以努尔哈赤计划建造的建筑为中心，在它的周围建造一些不实用但装饰性很强的附属建筑，计划营建了一系列很有威严的建筑物。如此一来，两种不同的风格显而易见，绝非偶然。

从现在的宫殿来看，正门的位置并不明确，在努尔哈赤的设计中，大清门就是正门，以此划分外界和皇宫的界限，从清朝实录的记载中能够得到这些信息。但皇太极又在其外东西两侧建奏乐亭，还建文德坊、武功坊两座牌楼。两座牌楼分别成了东西入口，伸出雄伟的砖墙将大清门、奏乐亭围于其中。因地势原因，南面无法开出入口，于是乾隆十三年（1748）乾隆下令将两排不规整的司房改建成一座五龙琉璃影壁墙[1]。另外，在围起来的大院子中，建起了东朝房和西朝房。由此，大清门前方的广场变得更加宏伟华丽。但现在东西两牌楼前的道路已经断绝，往日的景象已不复存在。

就这样，沈阳故宫在皇太极的时代更进一步完善，皇太极死后，到其子清世祖福临时期终于打败明朝，入主北京。清皇室觉得自己起家的沈阳宫殿规模小且不够华丽，实在不利，因此清世祖福临及后来的皇帝等人纷纷扩建沈阳故宫的宫殿。但因为那个时候清朝已迁都北京，所以没有必要顾及实用性，更需要建造一些看起来华丽气派的建筑。后来建造的建筑物，比如文溯阁的各建筑物及附属于大内宫阙的迪光殿、保极宫、崇谟阁以及颐和殿、介祉宫、敬典阁等都没有明确的建造目的，只单纯为了华丽气派有面子。与此同时，他们还对之前建造的建筑物进行了翻修，加上各种装饰。

如此建立起的皇宫同时存在两种风格，细细观之，还可看到许多不统一之处。与从一开始就按照统一的设计建造的东陵和北陵相比，沈阳故宫的宫殿显得十分杂乱无章。

之前所说的第三个问题，即沈阳故宫的建造缘由，在解答了前两个问题后也就不言自明了。

第四，关于沈阳故宫的建造年代，据我的研究，现存的宫殿大致是分三个时期完成的。根据前文大致也可猜到分了三个时期，此处省略关于年代划分的详细逻辑，只

---

[1] 在两座朝房之间南侧正对大清门的位置，清早期曾有内务府的司房，于乾隆十三年改建成一座五龙琉璃影壁，清末民初时被拆毁，其基座至今尚存原处。——编者注

说我所推理的关于建造年代的结论。具体如下所示。

第一期工程，天命十年（1625）到崇德元年（1636）。

据推测，在这一期工程中建造的建筑，包括大政殿（清朝入关前也称笃恭殿）及其前方的十王亭，大清门及其东西两侧的东翼门和西翼门，崇政殿，翔凤阁和飞龙阁，清宁宫及关雎、麟趾、衍庆、永福四宫等。

第二期工程，顺治元年（1644）到康熙二十三年（1684），即四十年间。

在二期工程中建成的建筑有大政殿前方的两个奏乐亭、大清门前的两个奏乐亭、文德坊和武功坊、凤凰楼等建筑物。

第三期工程，乾隆十一年（1746）到乾隆四十四年（1779），即三十三年间。

这期间增设扩建的是崇政殿前方的日晷、嘉量，以及左右的琉璃门、垂花门、颐和殿、介祉宫、敬典阁、迪光殿、保极宫、继思斋、崇谟阁、文溯阁及其附属建筑物等。

沈阳故宫大致就是在上述情况下建成的。清世祖福临进入北京，将自明代起就屹立于此地的紫禁城定为皇城，更进一步大修、大扩建，才形成了今天的规模。自从清军进入北京后，历代皇帝东巡之时，每一次都必将对沈阳故宫加以修缮。如此一来，沈阳故宫才有了今天作为受到重视的清室故宫的地位。历代皇帝的祖容画像等也都是从北京送到沈阳，供奉于沈阳故宫内的凤凰楼。当著作《四库全书》完成之后，由四座藏书楼保管，沈阳故宫中的文溯阁也是其中之一。

最后，我想谈谈宫殿建筑的几个重点。书中所配的布局图虽然很简单，却是我精心测量的结果，对各个建筑的位置关系也相当有把握。从图观之，沈阳故宫并非一开始统一规划一事，可谓一清二楚。大内宫阙和大政殿外侧的墙体并不是平行的，这一点也是十分奇怪的，而且有些区域的建筑分布松散，有些却紧凑到只够一人通过，仿佛是勉勉强强在上面修建了几座建筑物，给人一种十分奇怪的感觉，但总的说来，这都是由于之前的一些计划上的变动而导致没能完全建好，后来又扩建的结果。如果在固定的区域内擅自增设建筑物的数量，势必会使建筑物之间的间距缩小许多。大内宫阙内的左右区域，特别是迪光殿、保极宫、继思斋，它们中间的穿廊以及其左右的配殿等仿佛是强行建造的，几乎没有留存空隙。

大政殿的所在区域是奉天政府办公执政的地方，在清朝实录中有记载这里故称笃恭殿，后改名为大政殿。现在这里是东北无线电总台的接收站，在这座宏伟的八角古建筑内，安装着巨大的天线，正面挂着一块横匾，上面写着"International Radio Receiving"。看见红胡子的俄国技师在这里办公，不知为何我有一种寂寞的感觉。大政殿前方的建筑，能够使人回忆起八旗军政统治时期的历史，该建筑的布局如实测图所示，朝南敞开，北陵等地也是这样排列。这样的排列并非偶然的结果，而是有意为之的，其原因尚不明确，或许只是单纯为了使建筑物看起来气派华丽吧，我们无从得知。

接下来介绍一下大内宫阙吧。这是皇室的私人居所，位于最北边。清宁宫是皇帝和皇后日常休息的地方，内部设有火炕，清宁宫前方的四栋建筑是皇妃们的居室，因为曾住过麟趾宫贵妃、永福宫庄妃、关雎宫宸妃、衍庆宫淑妃等人，这五栋建筑应该是当时皇族的住宅。凤凰楼的楼上是供奉历代皇帝画像的地方，但这座楼的建造位置实在是太不合理了，人们一眼就能看出，这不是一开始就规划好的位置。凤凰楼和清宁宫及其他四宫所在的地方，比一般的地平要高得多，从当时东北地区的形势来看，也有一种防御的意义。

崇政殿是天子的正殿，皇室的正式接待和与大臣的会谈都在此举行，内设御座。御座的木雕等外观设计和工艺都十分精良。请仔细阅读图集里展示的详细内容。龙纹是中国主要使用的素材，有的龙纹被很好地简化了，蔓藤花纹和龙纹巧妙地混合在一起，中国人很擅长此道。本图集中展示了许许多多优秀的作品。

崇政殿的前方东侧有一个白色大理石材质的宏伟日晷，西侧有一个房屋形状的类似于日本灯笼的构筑物，即嘉量。那么，为什么在此处要放置日晷和嘉量呢？当天子推行天下政治时，要正确把握时机和各种度量衡，象征着光明正大的政治，比如北京的宫殿修建得确实是气派的。而这里的构筑物虽然都比较小，但制作却很精良，据记载，二者并非崇政殿建成时就有，而是设立于1748年，正如前文所述，不过，这是否是为崇政殿而设目前仍尚存疑问。日晷的刻度盘倾斜五十八度，通过这个角度下的日影无法显示此地的正确时间，所以它并不是一个实用的道具，只是起到装饰作用。[①]

崇政殿前方两侧各有一栋二层的双坡屋顶建筑，十分粗糙，不算好看。东边的建筑物上挂着"飞龙阁"匾额，西边建筑物上挂着"翔凤阁"匾额，据我的观察研究，这完全是错的，应该东方的是翔凤阁，西方是飞龙阁才对。匾额并非命名时所造，所以会有错误。许多书籍中也原样记录了这一错误。我有确切的依据所以才指出了它的错误，但在此从略。清宁宫前方的四栋建筑的对应名称都被《盛京通志》弄错了，我在布局图上写的才是对的。总之，翔凤阁和飞龙阁这两座阁，现在虽然是仓库，但据说曾是作为接待外国使节或朝集使臣的休息室使用的，不过这两座楼阁没有任何装饰性的物品，空空如也。

前文提到过，文溯阁收藏有著名的《四库全书》。虽然建筑物的外观看上去就像两层楼，但是其实是三层楼。在西路建筑中要特别注意戏台和戏楼及其前方的游廊等的布置和形式。戏台虽然是戏的舞台，但和日本的舞台其实有很大的差别，倒不如说更有日本能舞舞台的感觉。戏楼大致也相当于休息室，游廊则是观剧的场所。

这座宫殿主要以黄瓦或碧瓦来铺设屋顶。大政殿、崇政殿等基本用的是黄琉璃瓦，正脊、屋檐、戗脊等用碧瓦剪边，文溯阁则是黑琉璃瓦铺顶，碧瓦剪边。这里的釉瓦是否

①沈阳故宫的日晷为赤道日晷。可以指示时间。——编者注

为太祖努尔哈赤建造时就传承下来的目前仍然存疑。虽然目前还没有发现任何可以提供参考的文献，但从最早的建筑物的质朴简单方面来看，只在屋顶上使用釉瓦的想法也是稍显奇怪的。我不觉得这些现存的内部装饰是从太祖努尔哈赤那个时期就有的，新瓦大概也是后来建造时新加的，也就是我推测的第二期工程以后，由于各种各样的变动，后来才开始使用的。

满铁①沿线有一个叫海城的驿站，海城的附近有一个被称为红窑的清朝御用瓦窑，此地有很多因为不合格而被遗弃的瓦片，但我认为这个窑炉的产品也曾进贡于宫殿。当时东陵、北陵的建造需要大量瓦片，这里可能也曾为它们供应过一些瓦片。虽然我还没有调查过红窑，但如果能发现碧瓦之类的东西，就能确定这里也给宫殿供应过瓦片，这将会是个非常有力的证明材料。值得一提的是，东陵和北陵都没有使用过绿剪边的样式。

此外，宫殿建筑的墙体全部是用砖块砌成的，木制部分多用麻叶纤维铺成，混入一种漆（极其粗制的桐油），并在上面涂上油性涂料。当然，内部主要还是涂漆的。我们无法确切地知道木质材料究竟用的是什么，恐怕是附近出产的松木。说到具体的工艺方面，简直就是五花八门，像我这样如此熟悉日本古建筑的人，看到这些虽然感到十分意外，但像这种不拘泥于细处，而是立足于整体的中国传统建筑的特有风格，我也是趣味盎然。

关于宫殿的建筑有许多值得一提的地方，如果想了解更多细节的话，可以参考我的论文《奉天宫殿之研究》（大连淡路町三亚东印书协会发行）。在完成此文时，谨向畏友藏田周忠先生表示衷心的感谢，他为本图集的出版提供了指导和莫大的帮助。再次衷心地表达感谢。

10 月 20 日
大连圣德街的寓所
伊藤清造

---

① 满铁，即南满洲铁道株式会社，包含多条线路，此处指南满铁路线。——编者注

目 录

图1.沈阳宫殿平面实测图

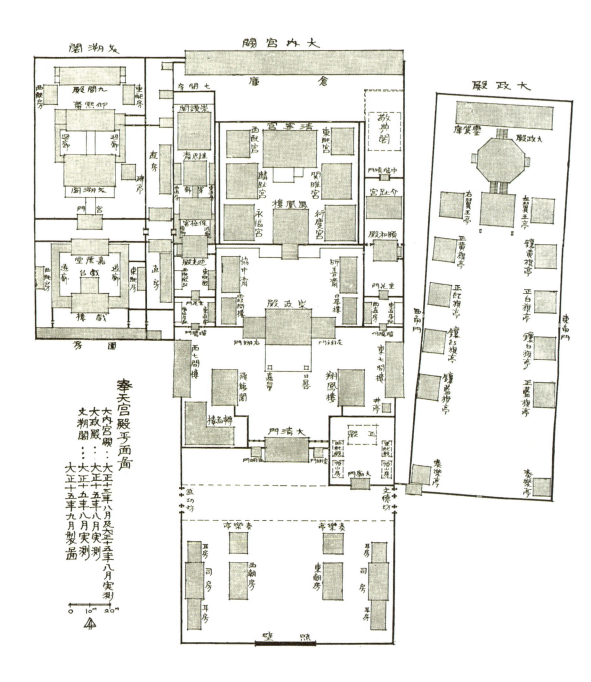

第一章　东路建筑

图2.銮驾库平面实测图

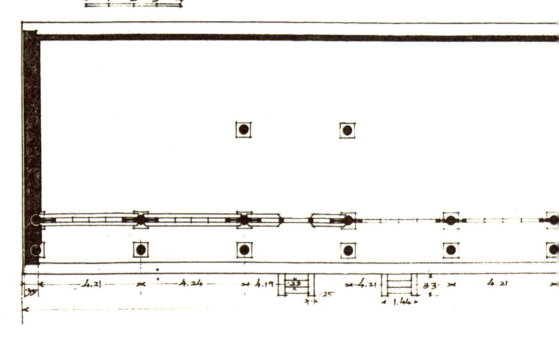

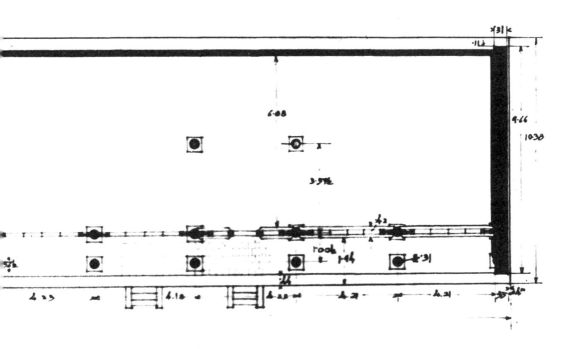

　　銮驾库，初建于清太宗时期。乾隆皇帝时期扩建，将原存于崇政殿前东七间楼中的銮驾乐器移到此处，自此后銮驾库成为存放皇帝、后妃銮驾卤簿[①]以及宫廷乐器的库房。

---

①蔡邕《独断》："天子出，车驾次第，谓之卤簿。"——编者注

　　大政殿，因其檐出八角，俗称八角殿，也有说法认为有八旗归一的寓意。始建于1625年，为清太祖努尔哈赤所营建。最初称为大殿门，这是由于早期满语中"殿"由汉语"衙门"音译而来，因此称其为衙门。其后定名为笃恭殿，最后改名为大政殿。

　　1644年，爱新觉罗·福临就是在此登基继位，成为顺治皇帝。

图4．大政殿前方的石狮

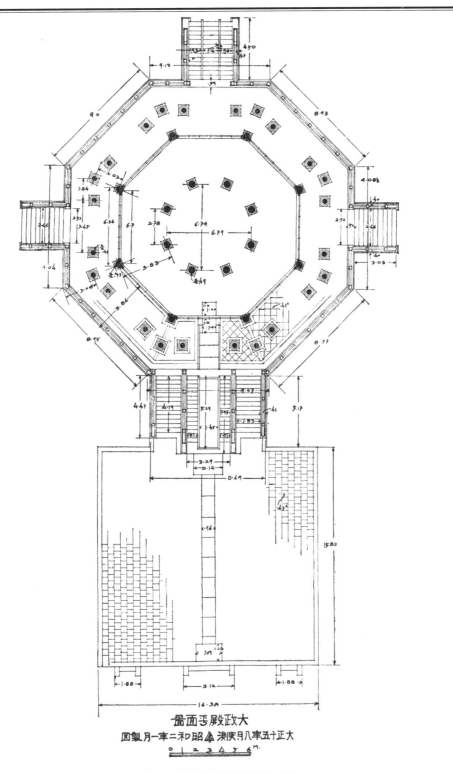

大政殿平面图绘制于1927年1月

图6.大政殿正面

图7.大政殿屋檐(一)

图8.大政殿屋檐（二）

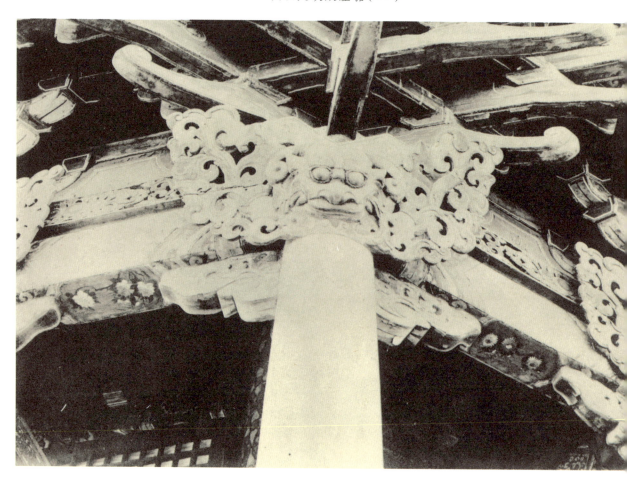

图9·大政殿屋檐（三）

图10.大政殿内的宝座（一）

图11.大政殿内的宝座（二）

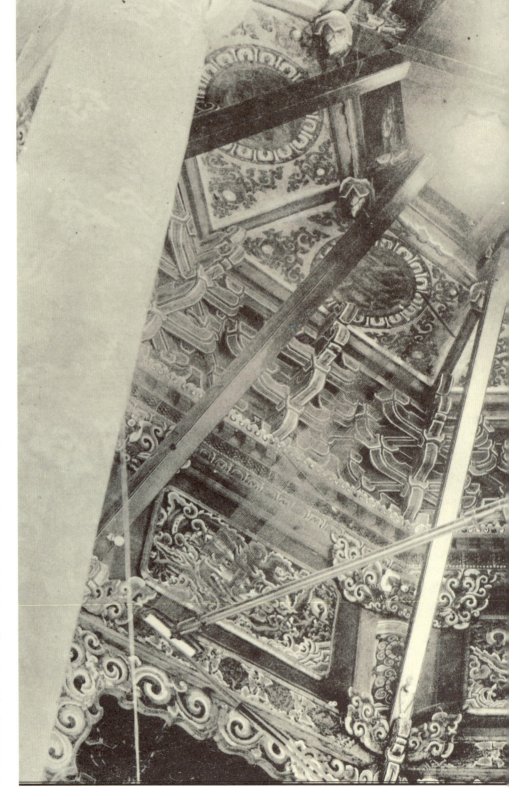

图12.大政殿天井细节

古代建筑多为木质结构，根据五行相生相克的原理，火木相克，水火相克，因此古人会在殿堂楼阁的最高处作天井，在其上装饰以各类水生植物的纹样，取水火相克，不起火灾之寓意。

图15.大政殿奏乐亭

奏乐亭是大政殿殿庭最南端的建筑，为四角攒尖琉璃瓦顶，建于清太宗时期，每当大政殿有重大庆典时，宫廷乐队就会在此亭内奏乐。

图16.大政殿奏乐亭平面实测图

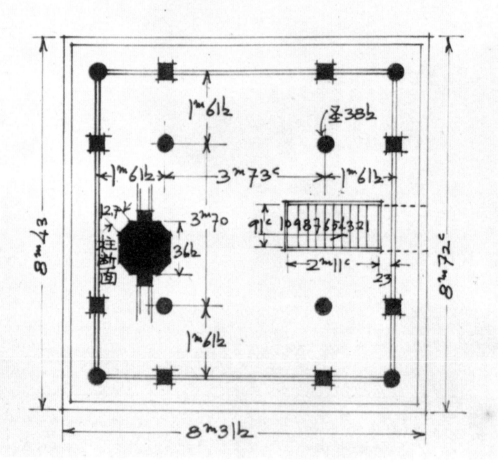

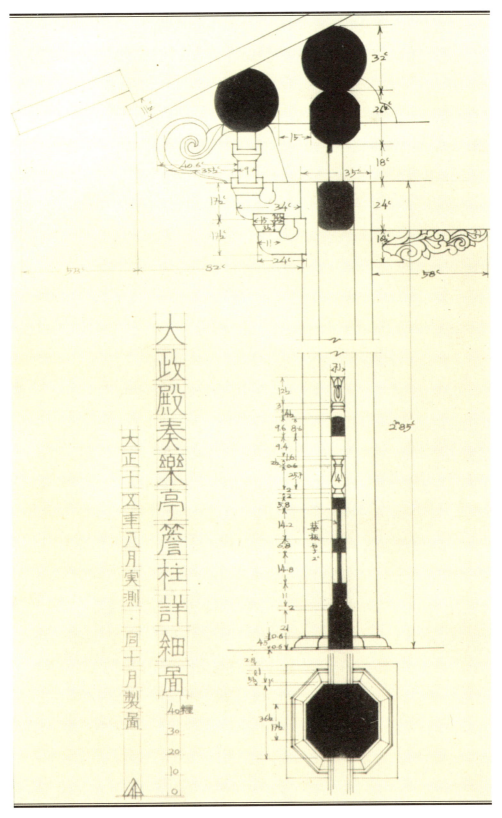

图17·大政殿奏乐亭檐柱实测详细图

图18.大政殿奏乐亭屋檐

图19.大政殿奏乐亭屋顶构架

图20.大政殿左翼王亭侧面

　　大政殿左右两侧共排列十座形制相同的亭子，它们是八旗①制度的产物。东侧自北向南分别是左翼王亭、镶黄旗亭、正白旗亭、镶白旗亭、正蓝旗亭；西侧相应为右翼王亭、正黄旗亭、正红旗亭、镶红旗亭、镶蓝旗亭。

　　八旗官员会在各自的旗亭中办理本旗各类事务，经过筛选处理后呈送给左翼王亭和右翼王亭，最终再由左翼王亭和右翼王亭呈送给皇帝。

①八旗分别为正黄旗、正白旗、正红旗、正蓝旗、镶黄旗、镶白旗、镶红旗、镶蓝旗。——编者注

图21.大政殿镶蓝旗亭平面实测图

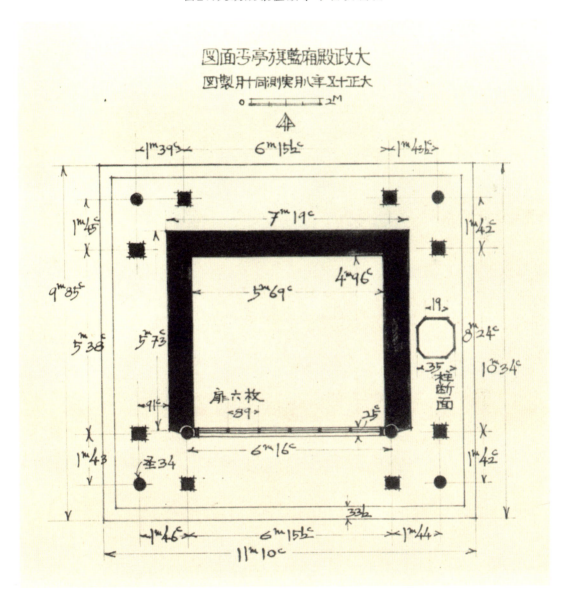

图22.大政殿圆柱础

图23.崇政殿角柱础

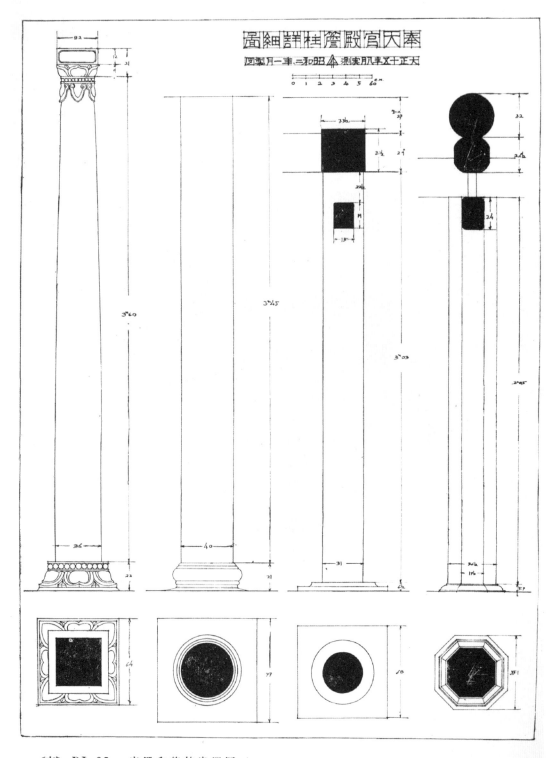

第二章　中路建筑

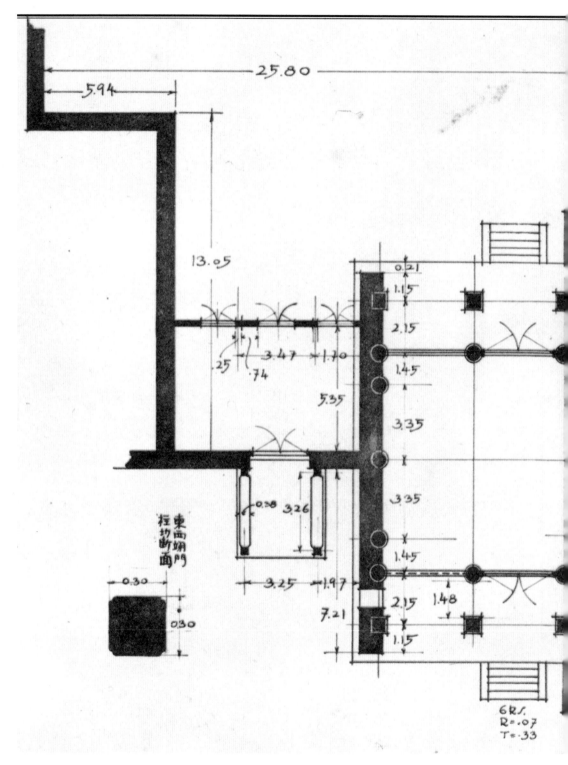

图25. 大清门平面实测图

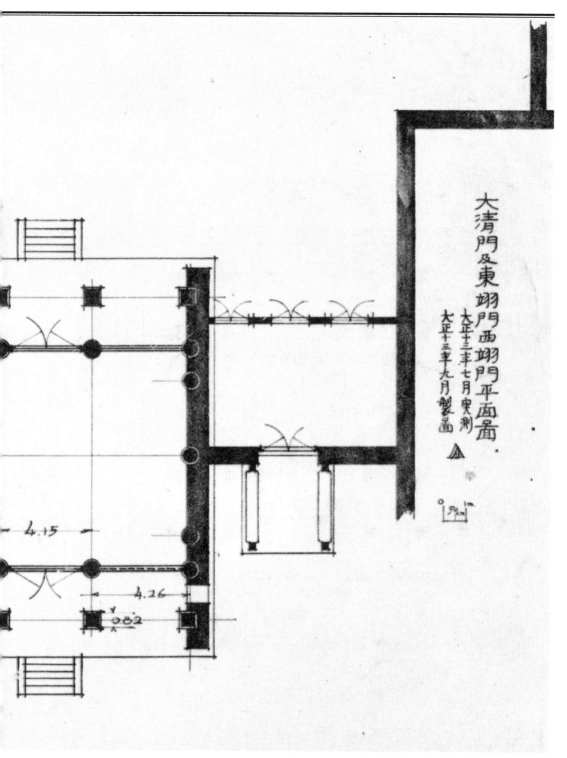

大清門及東翊門西翊門平面圖
大正十三年七月實測
大正十三年九月製圖

4.15

4.26

0.82

　　大清门，即沈阳故宫的午门，是其正门。建于清太宗天聪初年，最开始称为"大门"，1636年皇太极改元称帝时，将此门更名为"大清门"，与国号相同，可知对此门的重视。

图26.大清门前奏乐亭平面图

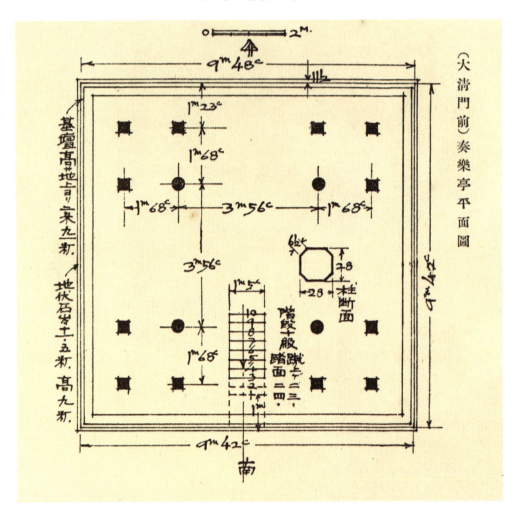

図28．大清門五彩琉璃墀頭

图29.大清门屋顶构架

図30．大清门外檐雕件

图31.垂花门的博风板（一）

　　垂花门是装饰性大门，其上带有屋顶，因其屋檐两端有装饰性的垂莲柱而得名垂花门，从结构上看主要有四种类型：独立柱担梁式垂花门、一殿一卷式垂花门、四檩廊罩式垂花门和五檩单卷式垂花门。

图32. 垂花门的博风板（二）

图33. 垂花门屋顶构架

图34. 崇政殿

崇政殿，沈阳故宫中等级最高、最重要的建筑。是清太宗皇太极上朝理政之地。1636年，后金改国号为大清的大典就在这里举行。

　　清朝乾隆皇帝第一次东巡后，便规定要在崇政殿举行皇帝亲祭盛京三陵的告成典礼，这一规定后来被称为"崇政殿朝贺仪"，正式记载于《大清会典》等官方修订的国家典籍之中。

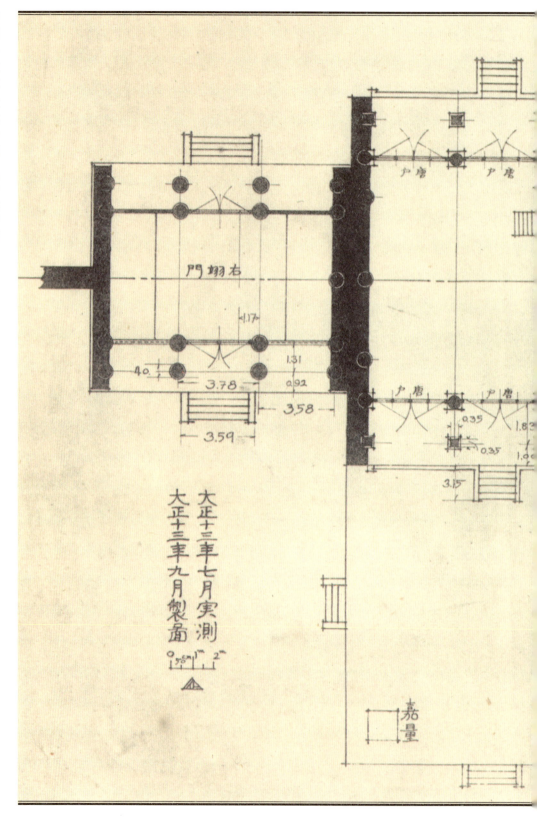

图35. 崇政殿及左、右翊门平面实测图

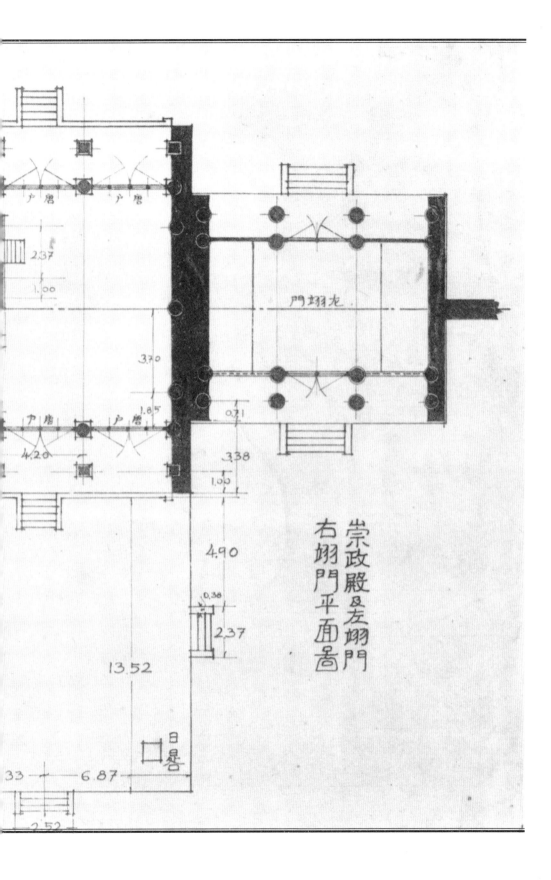

崇政殿及左翊門
右翊門平面圖

图36.崇政殿檐柱实测详细图

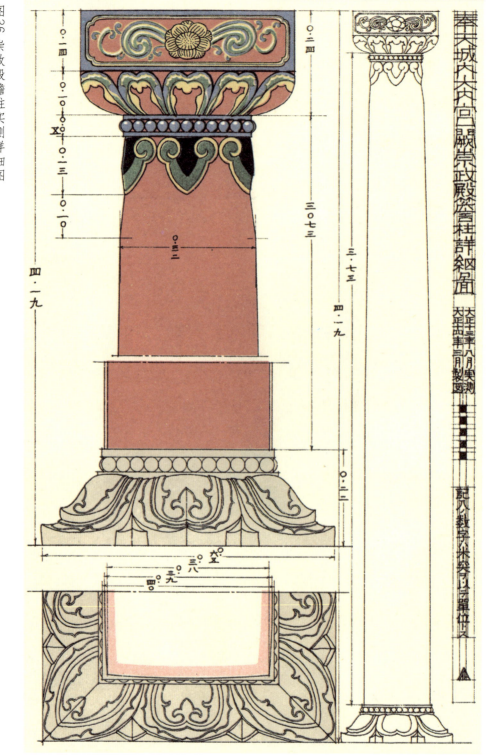

崇政殿檐柱实测图绘制于1924年3月,以米为单位,图中檐柱通高4.19米,最大宽度为0.65米。

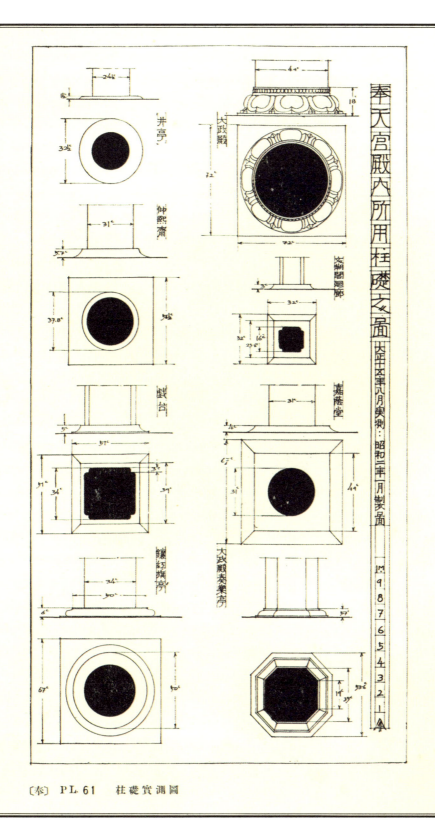

奉天宫殿内所用柱礎之圖 大正十四年八月實測 : 昭和二年一月製圖

井亭

仲熙齋

馬

戲台

鏕紅旗房

大政殿

文淵閣廻廊

嘉蔭堂

大政殿奏樂亭

〔奉〕 PL.61　柱礎實測圖

右翼门，是崇政殿右侧耳房。

图39. 崇政殿右翊门屋顶构架

图40. 崇政殿左翼门

左翼门，是崇政殿左侧的耳房。

图41. 崇政殿右翊门的装饰釉瓦

嘉量，是中国古代的标准量器，有斛、斗、升、合、龠五个容积单位。

崇政殿前的嘉量，应该称为嘉量亭，由石构件组成，汉白玉材质，底部为方形石雕须弥座，中间部分刻有卍字纹，上方的亭内摆放着青铜材质的嘉量。

其建于乾隆九年(1744)，是仿两汉王莽时期嘉量的形制制造而成，其上刻有乾隆皇帝亲篆的铭文。在沈阳故宫最重要的崇政殿前设置嘉量，寓意度量衡定，天下一统。

图 44. 崇政殿前的日晷

　　日晷，是计时仪器，时间的象征，同时还可以作为其他计时器的校正器。沈阳故宫的日晷是赤道式日晷。底部为须弥座式基座，中间呈宝瓶状，顶部为方形托台。晷盘周围刻有南北两极的方位，以及十二时辰。

　　崇政殿前的日晷，是乾隆十三年（1748）乾隆皇帝下令按照北京故宫的日晷规制制造的。

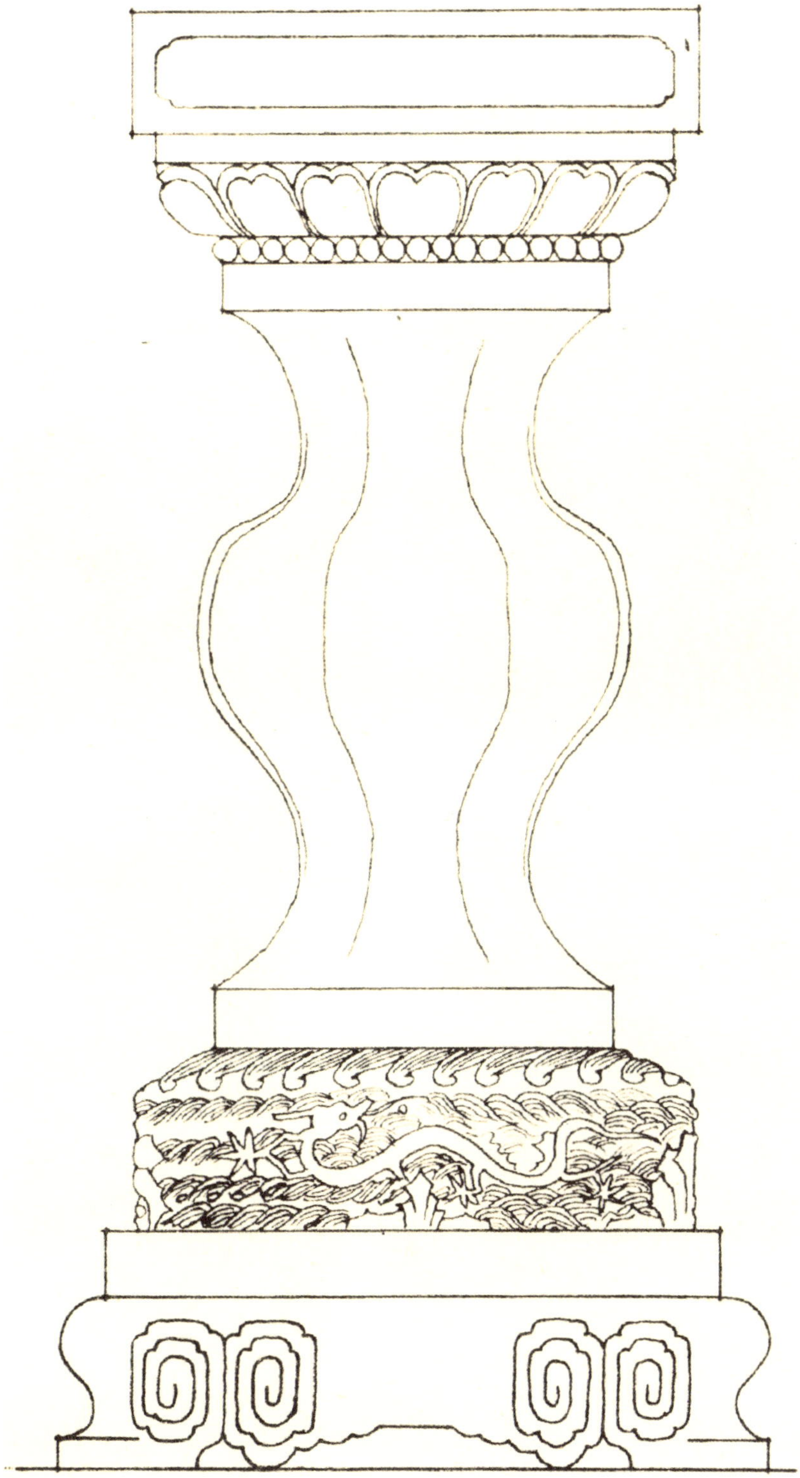

图 45. 崇政殿前的日晷基座手绘图

图46.崇政殿外檐

图47.崇政殿屋顶构架

图48．崇政殿前殿阶（一）

图51.金銮殿[1]内木雕及门扉雕刻拓本 —— 持送[2]（一）（梁托）

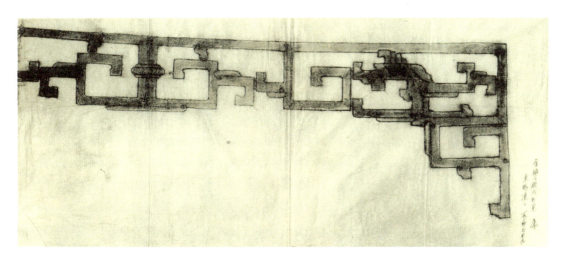

①金銮殿，即沈阳故宫内崇政殿的别称。—— 编者注
②即祥云角，日本称为持送，中国俗呼祥云角。—— 编者注

图52.金銮殿内木雕及门扉雕刻拓本——持送（二）

图53.金銮殿内木雕及门扉雕刻拓本——持送（三）

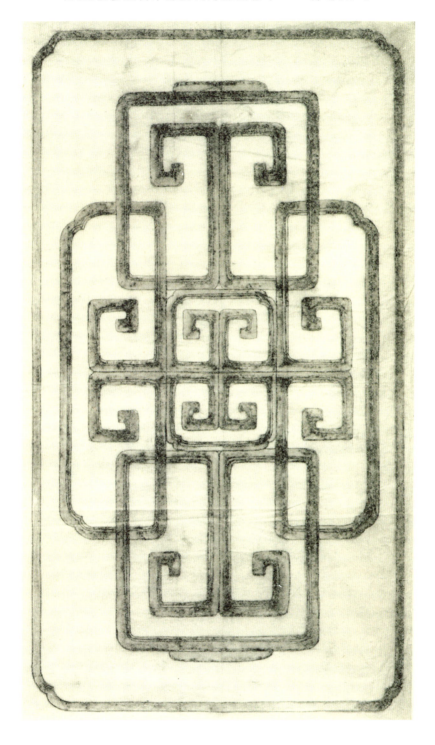

图54.沈阳故宫所用持送（五种）手绘图

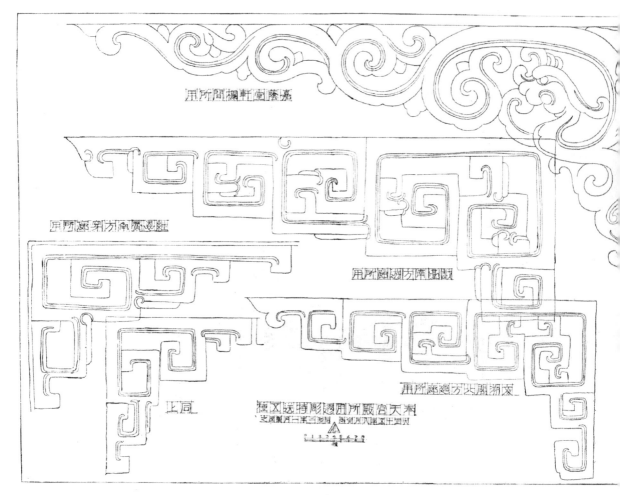

〔本〕 PL 65　宮殿内所用持逡（五種）實測圖

图55.崇政殿组子①拓本

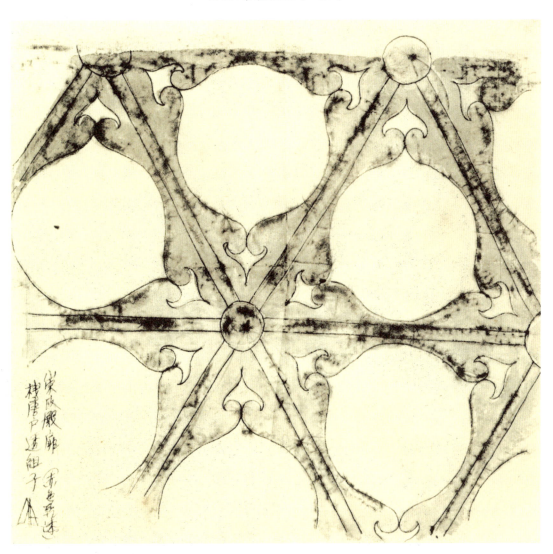

①组子，即不使用钉子而对木片进行组合拼接的一种技术。最早可追溯到中国唐朝时期的窗棂，传到日本后，经工匠们的不断磨炼与改进，形成了如今数百种的组子纹样。—— 编者注

图56.崇政殿内堂陛顶部

图57.崇政殿内堂陛侧面

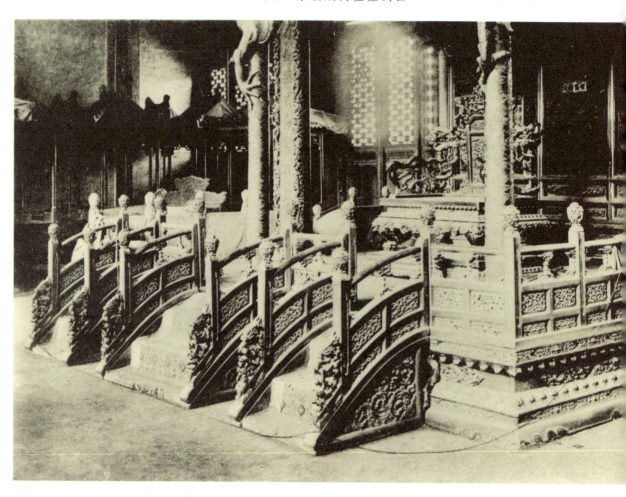

图59. 崇政殿内宝座

图60.崇政殿内宝座脚部细节

图61.崇政殿内宝座细部手绘图

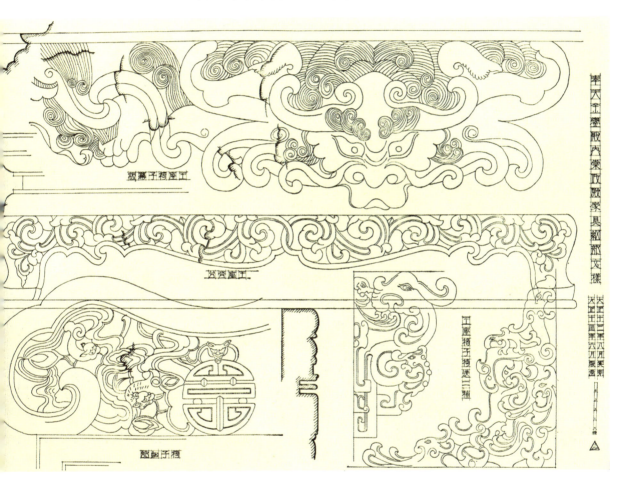

图62.崇政殿内堂陛高栏细部手绘图

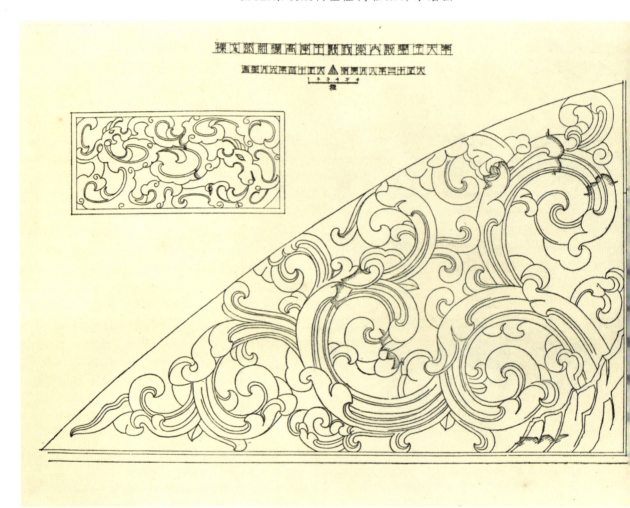

图63.崇政殿内的椅子

图64.崇政殿内椅子细部纹样拓本

图65.崇政殿内椅子细部手绘图

图66. 凤凰楼正面

　　凤凰楼是进入沈阳故宫内廷的通道，位于寝宫区域南部正中位置，其作用类似城门楼，是当时沈阳城的制高点。

　　皇太极时期，凤凰楼曾作为后妃们观景休憩之处。清太宗时期曾在凤凰楼召集诸王贝勒读书讲史。乾隆时期起，凤凰楼还被用于储存珍贵重要的宫廷文物，如皇帝画像和御玺等。

①旁吻,是瓦当的一种,是屋脊两端所翘起之物。—— 编者注

图68.凤凰楼平面实测图

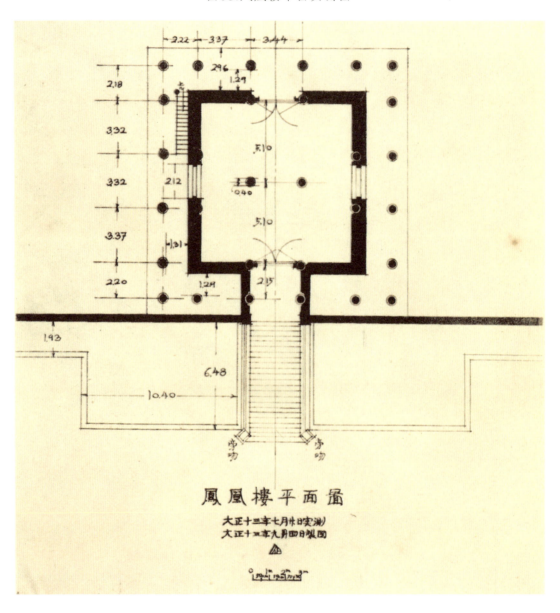

图69·凤凰楼门扉纹饰

图70·凤凰楼屋檐

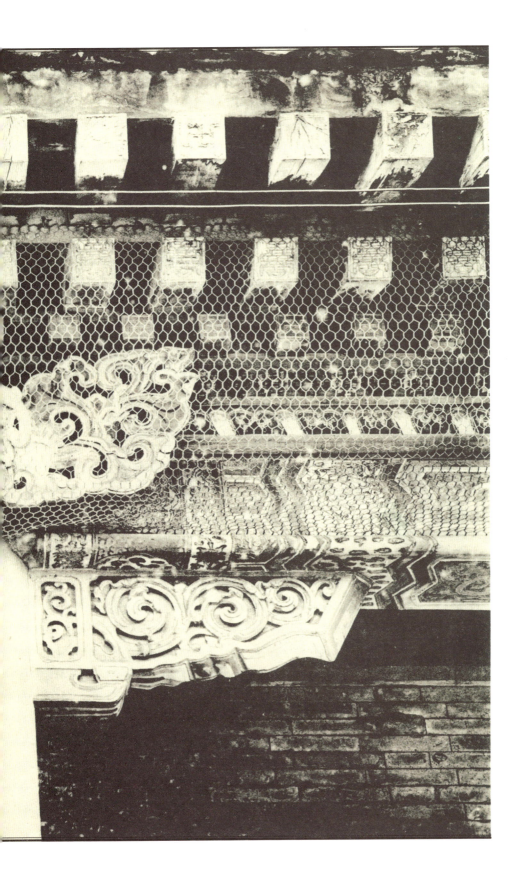

图71.凤凰楼天井(一)

图72.凤凰楼天井(二)

　　清宁宫是五间硬山顶前后廊式建筑，极具满族建筑的风格，即"口袋房，万字炕，烟囱建在地面上"。这里是清太宗皇太极和皇后哲哲所居之所，也是整个宫殿建筑群的中心；除供帝后日常饮食起居之外，还会在此召见深受信任的王公大臣，宴请重要宾客。

清宁宫西侧四间还作为举行萨满祭祀的场所，被称为"神堂"。
崇德八年（1643）皇太极就是在清宁宫中端坐着无疾而终。[①]

①《清史稿》："庚午，上御崇政殿。是夕，亥时，无疾崩，年五十有二，在位十七年。"—— 编者注

图74.清宁宫平面实测图

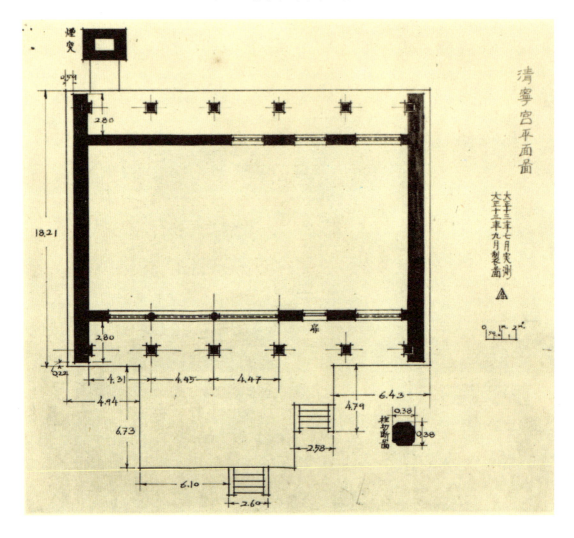

图75.清宁宫井亭①平面实测图

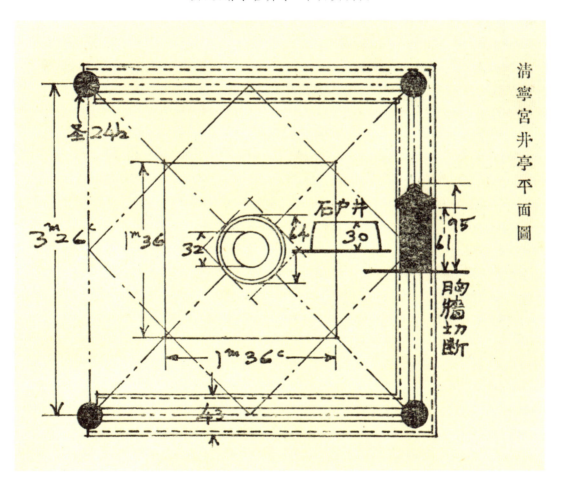

图76.翔凤阁正面

　　翔凤阁，是乾隆八年（1743）乾隆皇帝第一次东巡盛京时下令新建的楼阁。是存放沈阳故宫最重要的宫廷宝物之处，其中所藏宝物大多是乾隆时期从北京故宫运送至此，可以分为三个类型：一是供各宫殿内陈设的御用器物，二是备皇帝至盛京时穿用和赏赐用的服饰、衣料、荷包等，三是供皇帝驻跸期间查阅和欣赏的书画古籍等。

图77.翔凤阁平面实测图

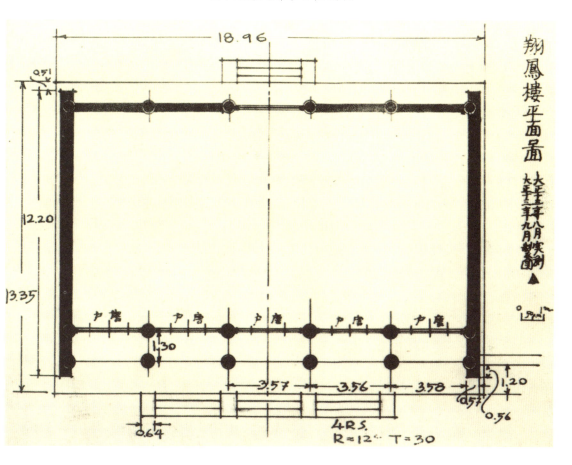

图78.迪光殿屋顶装饰

崇政殿西侧与东所相应的位置，是东巡盛京时皇帝和后妃的行宫，称为『西所』。迪光殿位于第二进院中，皇帝东巡驻跸期间即在此处理政务、批阅奏章。

图79·迪光殿屋檐

图80. 迪光殿门扉

图81·迪光殿门扉装饰纹样手绘图

图82.崇谟阁屋顶装饰

崇谟阁是一座二层阁楼式建筑，是乾隆时期专门为存放清历朝『实录』和『圣训』而建造的。『实录』是以皇帝为中心记录一朝史事的国家文献，全称为『大清某祖（宗）某皇帝实录』。另外，将在位皇帝的谕旨分门别类编辑，则成『圣训』。『圣训』和『实录』最初都存放在凤凰楼，在乾隆四十三年（1778）正式移入崇谟阁中。

图83.崇谟阁平面实测图

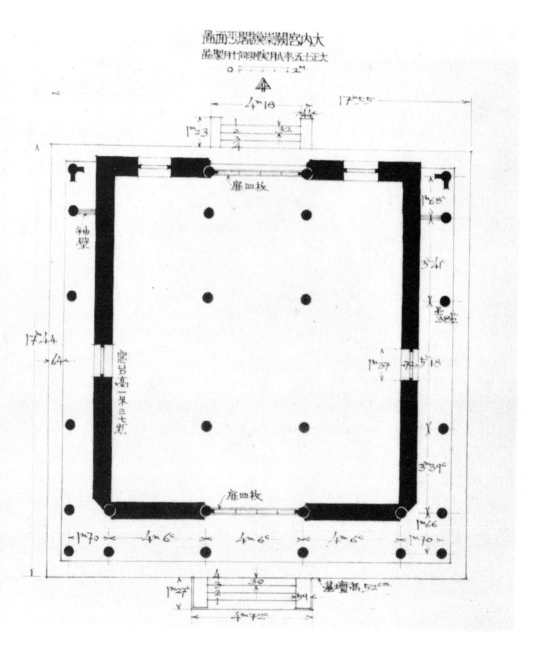

图84.永福宫平面实测图

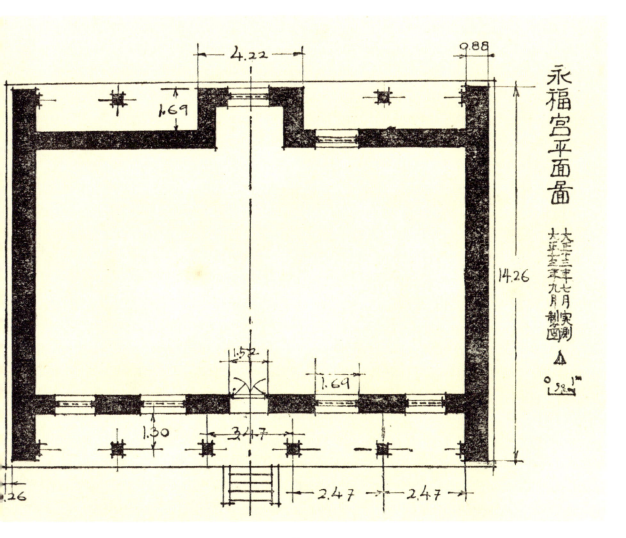

　　永福宫，又称"次西宫"，是清太宗皇太极庄妃①的寝宫。1638年，后来的顺治皇帝福临出生于永福宫。

---

①庄妃(1613—1688)，名布木布泰，蒙古科尔沁部落公主，尊谥孝庄文皇后。—— 编者注

图85.师善斋平面实测图

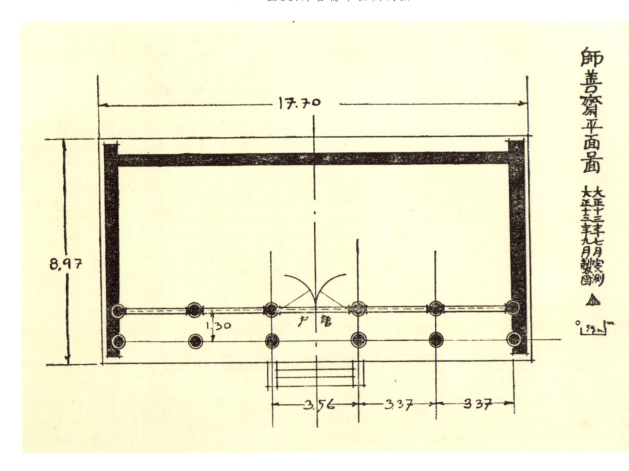

师善斋,有推测认为是清朝皇帝东巡时随行皇子居住和读书的地方。

图86.霞绮楼平面实测图

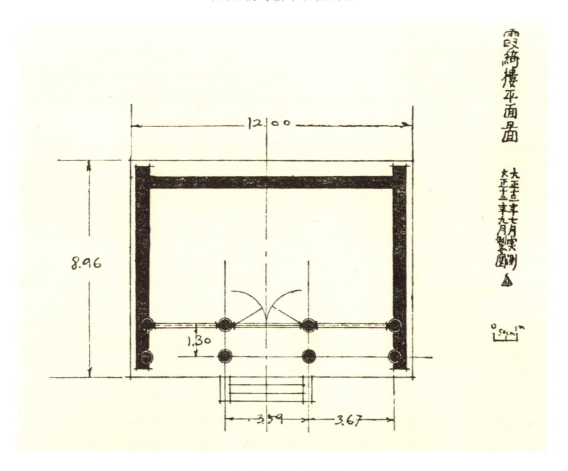

霞绮楼，与师善斋为同一组建筑。

图87.文德坊正面

　　文德坊,是木结构琉璃瓦顶四柱三楼式牌坊,既是宫门前的标志,又是宫廷门户。其上刻有"崇德二年(1637)孟春吉日立",是沈阳故宫唯一记录建成年代的建筑。

图88.文德坊

图89.文德坊平面实测图

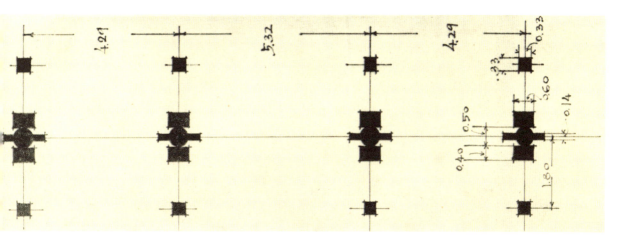

图90.东朝房平面实测图

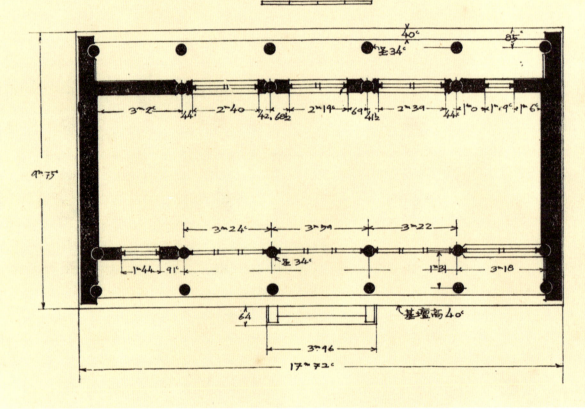

东朝房,建于清太宗皇太极时期,是文武官员上朝前候朝之地。

第三章　西路建筑

图91. 嘉荫堂组群——戏台全景

嘉荫堂，是乾隆皇帝娱乐听戏之处。

图92.戏台平面实测图

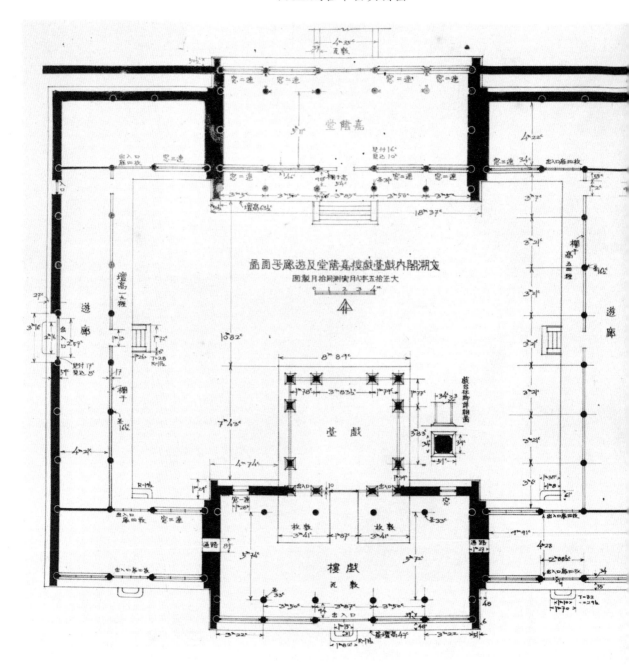

图93.戏台撩檐枋纹样拓本

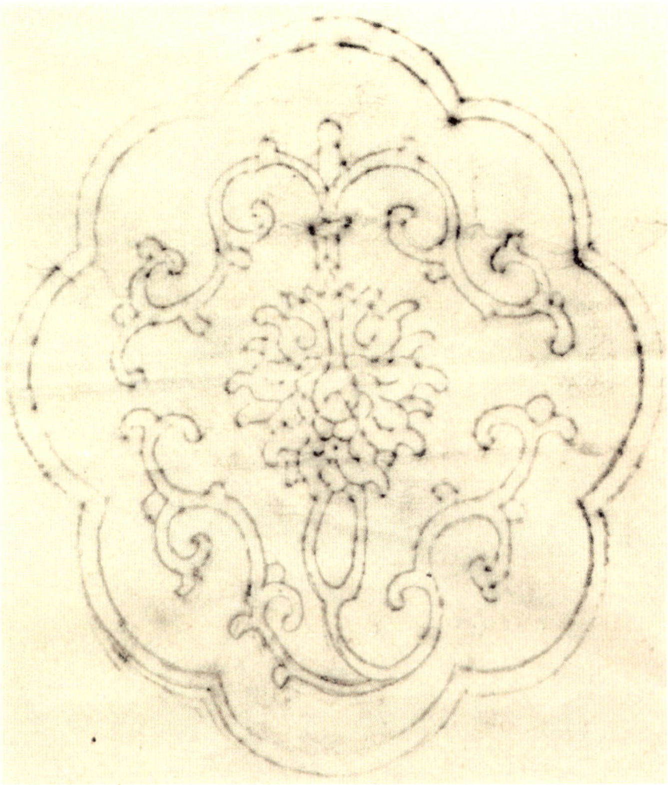

图94. 戏台屋檐

图95. 戏台回廊门扉所用金具手绘图

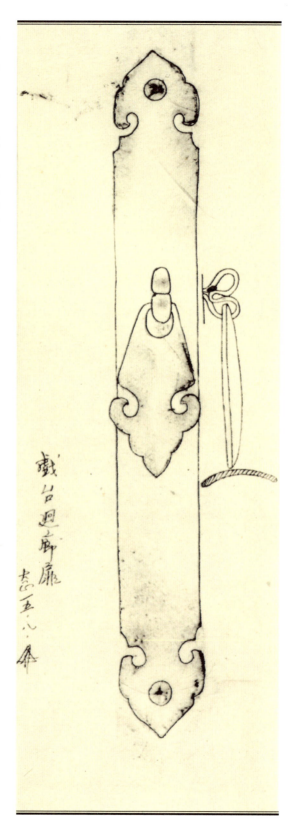

图97．嘉荫堂后的宫门之藻井

图98·文溯阁仰熙斋平面实测图

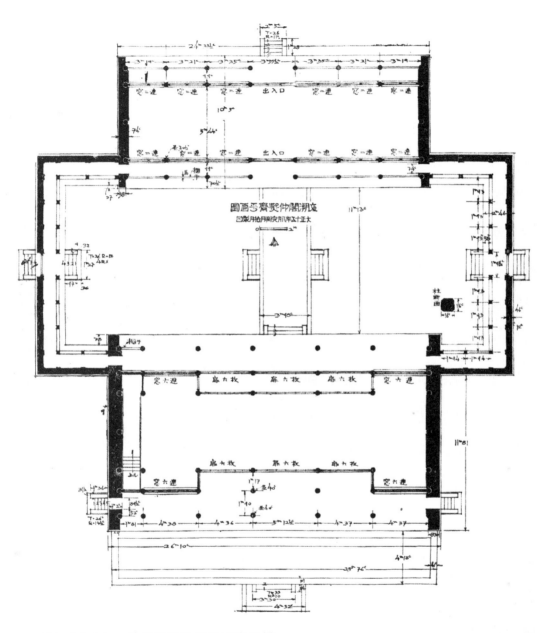

图99.文溯阁

文溯阁，文溯取『溯涧求本』之意，是专门为储存《四库全书》而建造的藏书楼，效仿浙江宁波范氏的天一阁建造而成。

图101．文溯阁博风板

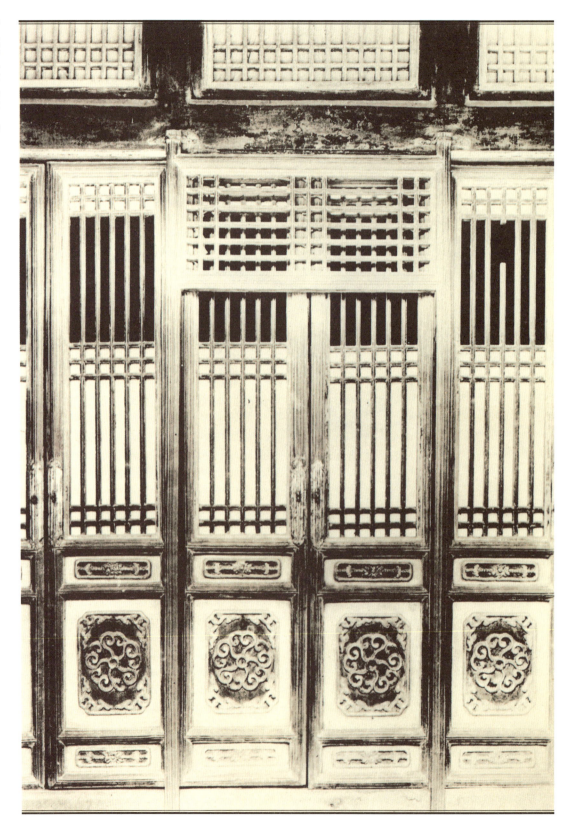

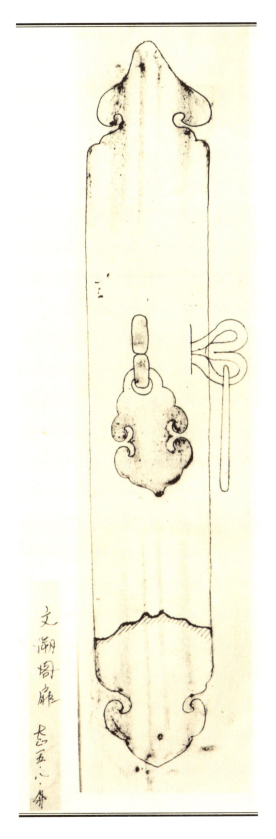

图103. 文溯阁门扉所用金具手绘图

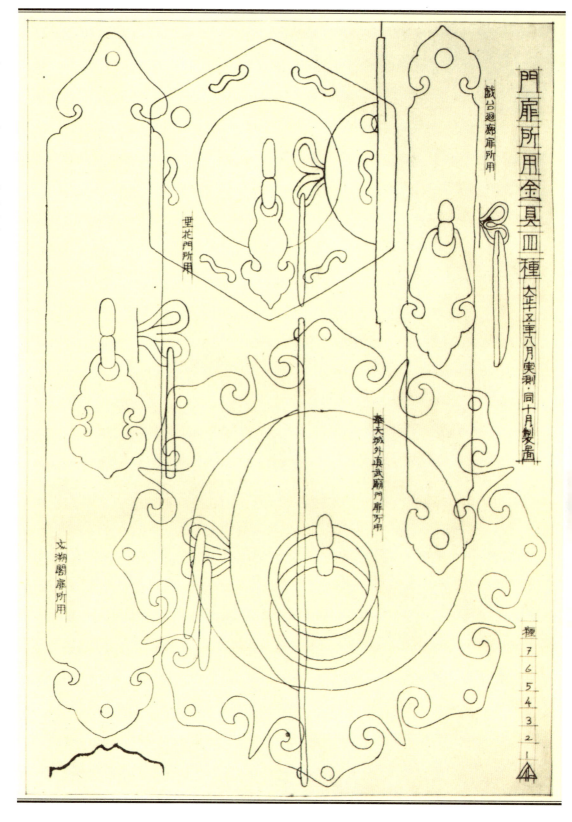

图105·文溯阁碑亭

文溯阁碑亭内立满汉合璧文字石碑，正面刻《文溯阁记》，背面刻《宋孝宗论》，都是乾隆皇帝御撰文。

图106.文溯阁碑亭平面实测图

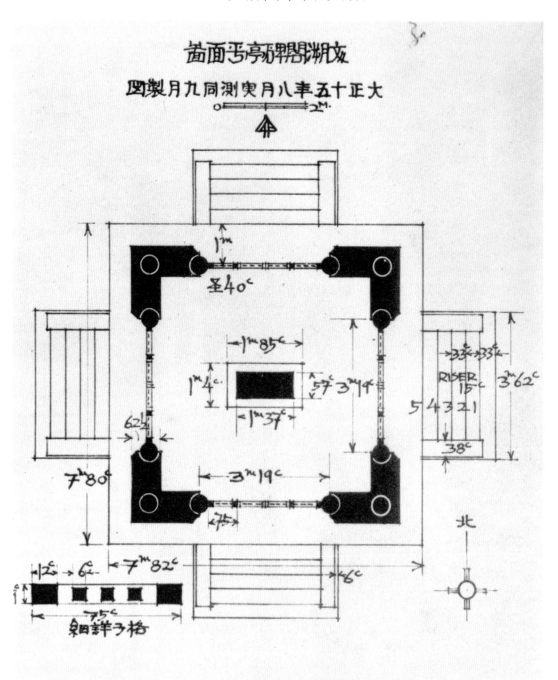

图107.文溯阁碑亭屋檐

本书主编

赵省伟，"东洋镜""西洋镜""遗失在西方的中国史"系列丛书主编。厦门大学历史系毕业，自2011年起专注于中国历史影像的收藏和出版，藏有海量中国主题的日本、法国、德国报纸和书籍。

本书作者

伊藤清造（?—1933），是日本在中国东北进行建筑专业研究的重要人物之一，毕业于日本京都高等工艺学校图案科，具有良好的建筑学专业基础。1908年后开始研究东北建筑，1923年到"南满洲工业学校"任教，成为该学校最早教授建筑史的老师，在其任教的10年间发表过79篇论文，出版了3本书，伊藤清造十分注重考察调研，曾向日本介绍中国营造学社的创立和梁思成的研究。

本书编者

孙魏，历史学博士，中国社会科学院中国边疆研究所博士后，现任教于郑州航空工业管理学院，著有《明代外交机构研究》，发表学术论文20余篇。

本书译者

王雨柔，北京语言大学高级翻译学院日语口译专业在读研究生。

内容简介

《沈阳宫殿建筑图集》包括60余幅影像资料、30余张建筑平面图及建筑细部图和6张纹样拓片，真实地保留了那个年代沈阳故宫的建筑面貌。在序言里，伊藤清造对沈阳故宫的建筑年代、建筑形式、特点以及形成原因进行了初步探讨。此为最早研究沈阳故宫古建筑群、建筑理念和建筑技术的著作，对沈阳故宫及其建筑的研究有着很重要的价值。